电网企业
一线员工 作业一本通

配网检修

国网浙江省电力公司　组编

中国电力出版社
CHINA ELECTRIC POWER PRESS

内 容 提 要

本书为"电网企业一线员工作业一本通"丛书之《配网检修》分册，着重围绕配电线路、电缆、配电变压器及开关柜四大类设备，对配电设备检修作业的安全管控、工作流程、工艺质量进行了规范和演示，具备很强的实用性。

本书可供配网运检基层管理者和一线员工培训和自学使用。

图书在版编目（CIP）数据

配网检修 / 国网浙江省电力公司组编. —北京：中国电力出版社，2016.12（2023.9重印）
（电网企业一线员工作业一本通）
ISBN 978-7-5123-9752-1

Ⅰ．①配… Ⅱ．①国… Ⅲ．①配电系统—检修 Ⅳ．①TM727

中国版本图书馆CIP数据核字（2016）第213282号

中国电力出版社出版、发行
（北京市东城区北京站西街19号 100005 http://www.cepp.sgcc.com.cn）
三河市万龙印装有限公司印刷
各地新华书店经售

*

2016年12月第一版　　2023年9月北京第五次印刷
787毫米×1092毫米　　32开本　　4.75印张　　111千字
定价26.00元

版 权 专 有　　侵 权 必 究

编　委　会

编 写 组

组　长　赵　深

副组长　赵寿生　张　波　王韩英

成　员　徐　洁　王瑞平　丁俊荣　楼伟杰　虞向红　李明浩　张　华　孙　侃

　　　　金家奇　金　宏　赵一帆　胡　敦　徐勇俊　朱惊雷　曹　康　周立伟

　　　　金　超

丛书序

国网浙江省电力公司正在国家电网公司领导下，以"两个率先"的精神全面建设"一强三优"现代公司。建设一支技术技能精湛、操作标准规范、服务理念先进的一线技能人员队伍是实现"两个一流"的必然要求和有力支撑。

2013年，国网浙江省电力公司组织编写了"电力营销一线员工作业一本通"丛书，受到了公司系统营销岗位员工的一致好评，并形成了一定的品牌效应。2016年，国网浙江省电力公司将"一本通"拓展到电网运检、调控业务，形成了"电网企业一线员工作业一本通"丛书。

"电网企业一线员工作业一本通"丛书的编写，是为了将管理制度与技术规范落地，把标准规范整合、翻译成一线员工看得懂、记得住、可执行的操作手册，以不断提高员工操作技能和供电服务水平。丛书主要体现了以下特点：

一是内容涵盖全，业务流程清晰。其内容涵盖了营销稽查、变电站智能巡检机器人现场运维、特高压直流保护与控制运维等近30项生产一线主要专项业务或操作，对作业准备、现场作业、应急处理等事项进行了翔实描述，工作要点明确、步骤清晰、流程规范。

二是标准规范，注重实效。书中内容均符合国家、行业或国家电网公司颁布的标准规范，结合生产实际，体现最新操作要求、操作规范和操作工艺。一线员工均可以从中获得启发，举一反三，不断提升操作规范性和安全性。

三是图文并茂，生动易学。丛书内容全部通过现场操作实景照片、简明漫画、操作流程图及简要文字说明等一线员工喜闻乐见的方式展现，使"一本通"真正成为大家的口袋书、工具书。

最后，向"电网企业一线员工作业一本通"丛书的出版表示诚挚的祝贺，向付出辛勤劳动的编写人员表示衷心的感谢！

国网浙江省电力公司总经理　肖世杰

前　言

　　配电网设备检修是配电运检一线员工的日常基础工作之一，也是确保配电设备安全运行的重要技术手段。为进一步强化配电运检基层班组的设备检修能力，提高配电运检基层员工的基本功，国网浙江省电力公司组织来自配电运检一线的基层管理者和技术能手，本着"规范、统一、实效"的原则，编写了"电网企业一线员工作业一本通"丛书的《配电检修》分册。

　　本书以Q/GDW1519—2014《配电网运维规程》为主要依据，紧扣实际工作，以图解的形式，围绕配电设备常见检修作业，对配电线路、电缆、配电变压器及开关柜四大类设备检修作业的安全管控、工作流程、工艺质量进行说明，旨在全面规范配电网检修工作，提升配电网检修水平。

　　本书的编写得到了应高亮、王秋梅、马国喜等专家的大力支持，在此谨向参与本书编写、研讨、审稿、业务指导的各位领导、专家和有关单位致以诚挚的感谢！

　　由于编者水平有限，疏漏之处在所难免，敬请读者提出宝贵意见。

本书编写组

2016年7月

目　录

丛书序

前言

■Part 1　电杆倾斜调整 ·· 1

　　一、工作流程 ··· 2

　　二、工作准备 ··· 3

　　三、操作步骤 ··· 4

■Part 2　拉线调整 ·· 11

　　一、工作流程 ··· 12

　　二、工作准备 ··· 13

　　三、操作步骤 ··· 14

■Part 3　裸导线压接 ···17

　　一、工作流程 ··· 18

二、工作准备 …………………………………………………… 19

三、操作步骤 …………………………………………………… 20

Part 4　柱上断路器操动机构调整 ……………………………… **27**

一、工作流程 …………………………………………………… 28

二、工作准备 …………………………………………………… 29

三、操作步骤 …………………………………………………… 30

Part 5　电缆外护套损伤修补制作 ……………………………… **35**

一、工作流程 …………………………………………………… 36

二、工作准备 …………………………………………………… 37

三、操作步骤 …………………………………………………… 38

Part 6　高压电缆中间接头制作 ………………………………… **41**

一、工作流程 …………………………………………………… 42

二、工作准备 …………………………………………………… 43

三、操作步骤 ……………………………………………………… 44

■ **Part 7 高压电缆终端接头制作** …………………………………**55**

一、工作流程 ……………………………………………………… 56

二、工作准备 ……………………………………………………… 57

三、操作步骤 ……………………………………………………… 58

■ **Part 8 高压电缆绝缘电阻测试** …………………………………**67**

一、工作流程 ……………………………………………………… 68

二、工作准备 ……………………………………………………… 69

三、操作步骤 ……………………………………………………… 70

■ **Part 9 高压电缆耐压测试** …………………………………**75**

一、工作流程 ……………………………………………………… 76

二、工作准备 ……………………………………………………… 77

三、操作步骤 ……………………………………………………… 78

Part 10　配电变压器绝缘电阻测试 ································· 83

　　一、工作流程 ··································· 84

　　二、工作准备 ··································· 85

　　三、操作步骤 ··································· 86

Part 11　配电变压器耐压测试 ································· 91

　　一、工作流程 ··································· 92

　　二、工作准备 ··································· 93

　　三、操作步骤 ··································· 94

Part 12　配电变压器调挡（直流电阻测量） ··············· 99

　　一、工作流程 ··································· 100

　　二、工作准备 ··································· 101

　　三、操作步骤 ··································· 102

Part 13　高压开关柜操作机构调节 ························· 107

　　一、工作流程 ··································· 108

二、工作准备 ·· 109

三、操作步骤 ·· 110

■ **Part 14 高压开关柜绝缘电阻试验** ························ **119**

一、工作流程 ·· 120

二、工作准备 ·· 121

三、操作步骤 ·· 122

■ **Part 15 高压开关柜耐压试验** ···························· **125**

一、工作流程 ·· 126

二、工作准备 ·· 127

三、操作步骤 ·· 128

■ **Part 16 更换高压开关柜带电显示器** ····················· **131**

一、工作流程 ·· 132

二、工作准备 ·· 133

三、操作步骤 ·· 134

Part 1

在配电线路的运行与检修中，经常遇到因土质松软、外力破坏等原因造成的电杆倾斜现象，当直线杆倾斜一个杆梢以上、转角杆向内角倾斜较大、终端杆向导线侧倾斜或向拉线侧倾斜超过一个杆梢以上时，需要进行调整电杆等工作。在采取可靠安全的措施下，手拉葫芦正杆可不停电进行，是电杆调整的优选方案。本篇着重介绍手拉葫芦正杆法，为作业人员现场进行电杆倾斜调整提供参考。

电杆倾斜调整

一 工作流程

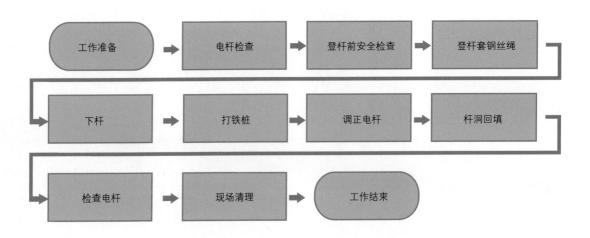

工作准备 → 电杆检查 → 登杆前安全检查 → 登杆套钢丝绳 → 下杆 → 打铁桩 → 调正电杆 → 杆洞回填 → 检查电杆 → 现场清理 → 工作结束

二　工作准备

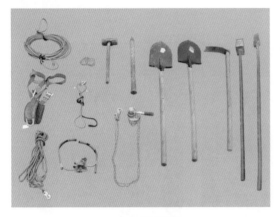

工器具准备

工作前安全准备

登高工器具、钢卷尺、钢丝绳 ϕ9mm×20m、铁桩（ϕ50mm×1.3m）、钢丝短头、铁锤、夯实锤、铁锹、锚桩、卸扣、游绳、白棕绳、1.5t 手拉葫芦

三 操作步骤

步骤1　电杆检查

| 外观检查 | 埋深检查 | 裂纹检查 |

根据水泥杆的埋深线检查水泥杆的埋设深度是否达到要求，检查水泥杆根部覆土情况，水泥杆杆身有无裂纹，确认是否具备登杆条件。电杆有被撞痕迹时进行杆根开挖检查，确认是否具备登杆条件；不具备时，上、下杆步骤选用其他方法替代。

步骤2 登杆前安全检查

检查安全腰带和脚扣质量，
查看试验标签。

脚扣冲击试验。

安全腰带冲击试验。

步骤3　登杆套钢丝绳

①

随身携带白棕绳、脚扣登杆，
登高至杆上横担下面约2m处。

②

吊上钢丝绳和卸扣。

③

绑好钢丝绳。

步骤4 下杆

反方向绑好白棕绳，下杆。

步骤5 打铁桩

高度 h

打桩位置

$1.2h$

在电杆倾斜的反方向侧、电杆长度 1.2 倍左右的地方打铁桩。
（一般为 1/2 桩长深度即可）

步骤6　调正电杆

把铁桩、手拉葫芦、钢丝绳相连接。

在指挥人员指挥下，缓慢收紧手拉葫芦。

杆根底部人员查看杆根覆土变动情况，如果杆根能顺利扶正，则在反方向边回填边夯实；如果杆根不动，则应在根部挖掉部分覆土，直到扶正。

反向拉回

如果扶正过度，则利用白棕绳回拉至水泥杆垂直。

步骤7　杆洞回填

在电杆完全调正后，2次回填杆洞并夯实，回填土应高出地面300mm。

步骤8　检查电杆

检查调整好的电杆杆身有无新增的纵横裂纹或表皮损伤，依照施工及验收相关规范。

步骤9　现场清理

松下手拉葫芦，拆除各连接，拔除铁桩，上杆拆除钢丝绳、白棕绳，整理回收工器具。

Part 2

　　拉线用来平衡电杆可能出现的横向荷载、导线张力，并抵抗风压，防止电杆倾倒。因运行环境、外力破坏等原因造成拉线过紧、松弛，需要进行调整。本篇主要对拉线调整工作前准备、调整前现场勘查、基础检查、调整拉线松弛度、基础回填进行阐述，为配网作业人员现场进行拉线调整提供参考。

拉线调整

一 工作流程

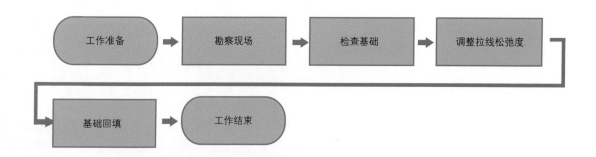

二 工作准备

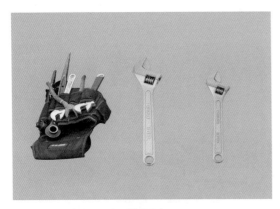

工器具准备

个人工器具、10寸活动扳手、12寸活动扳手。

安全措施

（1）拉线离带电部位如果不满足安全距离，需做好安全措施。
（2）现场围好安全围栏，放置警示牌。

三　操作步骤

步骤1　勘察现场

勘察现场情况

（1）查看杆塔是否倾斜（杆塔基础）。
（2）查看拉线是否松动、断股。
（3）查看拉线离带电部位是否满足安全距离。

步骤2　检查基础

检查杆塔基础，如倾斜度较大时需开挖基础。检查拉线棒是否腐锈。拉线棒向下开挖 30cm 左右，有锈蚀时应采取防锈蚀措施；锈蚀严重时应按调换拉线棒的要求进行施工。

步骤3 调整拉线松弛度

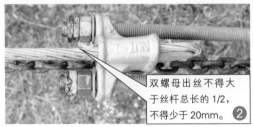

双螺母出丝不得大于丝杆总长的1/2，不得少于20mm。

（1）使用活动扳手将 UT 线夹上的螺丝松开，调整至拉线符合要求。

（2）UT 线夹复位，拧紧 UT 线夹螺丝。UT 型线夹刷润滑油。

（3）检查调整后拉线松弛度。

步骤4 基础回填

经详细检查，拉线调整好，方可回填、培土加固（拉线、杆塔），然后拆除安全措施，清理现场，工作结束。

■ 注意事项

松开 UT 线夹上的螺丝时，小心防止扳手滑出伤人。

Part 3

　　导线起输送电能的作用，架空配电线路裸导线较为常见。因为外力破坏等原因，裸导线出现断股、金钩等损伤时，需要重新压接。本篇对裸导线压接中的导线绑扎及开断、选择接续管、除污处理、穿管、钢模选择、压接导线及最终检查进行阐述，为作业人员现场进行裸导线压接提供参考。

裸导线压接

一 工作流程

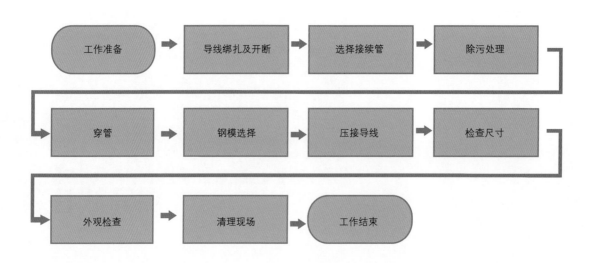

工作准备 → 导线绑扎及开断 → 选择接续管 → 除污处理 →

穿管 → 钢模选择 → 压接导线 → 检查尺寸 →

外观检查 → 清理现场 → 工作结束

二 工作准备

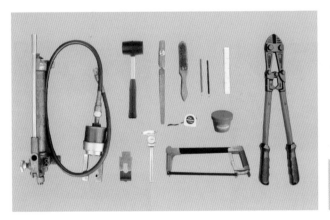

工器具准备

压接钳、断线钳、钢丝刷、游标卡尺、钢卷尺、橡胶锤、绑扎铁丝、钢锯、JT-70 型接续管、钢模、钢锉刀、红蓝铅笔、电力复合脂

三 操作步骤

步骤1 导线绑扎及开断

损伤处

①

②

20mm

③

20mm

④

采用绑扎铁丝在导线损伤处两侧进行绑扎。

采用断线钳剪短导线损伤部分，要求铁丝距离导线端部约 20mm。

步骤2 选择接续管

①

②

根据不同的导线型号选择对应的接续管（本次操作以 LJ-70 型导线为例），并进行外观检查。

步骤3 除污处理

清除部分

连接部分

①

导线与接续管连接前，应清除导线表面和接续管内壁的污垢。导线的清除长度应为连接部分的2倍。

涂复合脂部位

②

在连接部位的铝质接触面涂一层电力复合脂。

③

用细钢丝刷清除表面氧化膜，保留电力复合脂。

步骤4　穿管

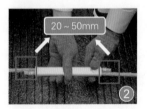

将两根导线插入接续管，穿管后导线露出长度为 20 ~ 50mm。

步骤5　钢模选择

选择与导线型号对应的钢模。

步骤6　压接导线

在压接管上画印，压口数量和位置（单位 mm）按导线型号确定。

步骤6 压接导线

压口顺序、数量及位置（单位 mm）

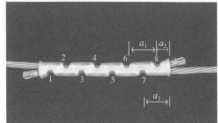

型号	压口数	a_1	a_2	a_3
LJ-70	8	44	28	50
LJ-150	10	56	34	62
LJ-185	10	60	35	65

从接续管一侧的附线侧向另一端压接。每压接一模后应停留 30s 再进行下一模，最后在短头处压一模。应该在压好第一模后检查尺寸，以防模具不匹配。如不匹配，应采取更换压模等措施。

步骤7　检查尺寸

压后尺寸检查			
型号	LJ-70	LJ-150	LJ-185
压后尺寸（mm）	19.5	30	33.5

步骤8　外观检查

步骤8　外观检查

（1）钳压后导线露出长度不应小于20mm。

（2）压接后接续管弯曲不应大于管长的3%，有明显弯曲时应用木锤调整校直。

（3）压接或校直后的接续管不应有裂纹，压接后的接续管两端导线不应有抽筋、灯笼等现象。

（4）有下列情形之一者应切断重接：

a.管身弯曲度超过管长的3%；

b.连接管有裂纹；

c.连接管电阻大于等长度导线的电阻。

步骤9 清理现场

操作过程中无工器具损伤，工作完毕清理现场，交还工器具及剩余材料。

■ 注意事项

（1）压接管和压模的型号应与所连接导线的型号一致。

（2）钳压模数和模间距应符合规程要求。

（3）压坑不得过浅，否则，压接管握着力不够，接头容易抽出。

（4）每压完一个坑，应保持压力至少30s，然后再松开。

（5）如果是钢芯铝绞线，在压管中的两导线之间应填入铝垫片，以增加接头握着力，并保证导线接触良好。

（6）在连接前应将连接部分、连接管内壁用汽油清洗干净（导线的清洗长度应为连接管长度的2倍以上），然后涂上电力复合脂，再用钢丝刷擦刷一遍。如果电力复合脂已污染，应抹去重刷。

Part 4

柱上断路器操动机构调节主要解决柱上断路器操动机构出现无法拉开、合上等失灵问题。本篇以维修操动机构为主线，首先操作开关把手试验开关机构是否失灵，再打开操动机构并检查，寻找故障位置，发现故障点部位并修复操动机构，最后进行分合闸操作试验并固定机构箱盖结束维修工作，为现场维修柱上开关操动机构提供参考。

柱上断路器操动机构调整

一 工作流程

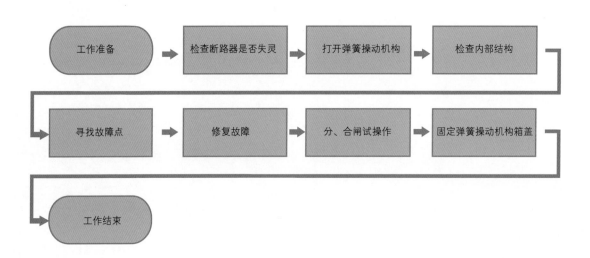

工作准备 → 检查断路器是否失灵 → 打开弹簧操动机构 → 检查内部结构

寻找故障点 → 修复故障 → 分、合闸试操作 → 固定弹簧操动机构箱盖

工作结束

二　工作准备

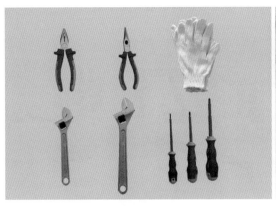

工器具准备

10寸扳手、8寸扳手、老虎钳、尖嘴钳、一字螺丝刀、十字螺丝刀、工具包、登高工具。

在工作场地围好安全护栏，悬挂警示标志。

三 操作步骤

步骤1　检查断路器是否失灵

本工作流程为柱上操作，为方便观察，特将场景设置为地面。

操作断路器储能把手，如无法分闸，则开关机构失灵。

步骤2　打开弹簧操动机构

用一字螺丝刀拧开固定弹簧操动机构箱盖两侧的螺栓。

打开操动机构箱盖。

步骤3　检查内部结构

检查内部结构是否完好。

步骤4 寻找故障点

① 用手操作储能把手观察机构动作情况，寻找故障点。

② 常见故障原因：弹簧压板卡涩失灵。

步骤5 修复故障

①② 用一字螺丝刀对弹簧压板下的调节螺栓进行调节，缓解其卡涩状况。

步骤6 分、合闸试操作

①

箱盖
注意插销套入卡扣
②

调节螺栓至合适位置后，进行试操作，观察机构运行情况。

步骤7 固定弹簧操动机构箱盖

①

②

试分闸、合闸成功后，将操动机构箱盖用螺栓固定，完成维修工作。

■ 注意事项

（1）在打开操动机构箱盖的过程中，小心手被箱盖边缘割伤。

（2）检查操动机构内有无异物、污水，特别是在二次回路处。

（3）在寻找故障点时，严格控制调节机构的力量，防止破坏结构。

（4）用手操作储能把手时要拉到底，防止把手回弹伤人。

（5）在调节过机构且确定不是由此部分引起的故障后，应将机构恢复初始状态。

（6）用一字螺丝刀对弹簧压板下的调节螺栓进行调节时，不要破坏二次回路的接线。

（7）在调节机构过程中，机构的分合指针应与实际分合位置相符。

（8）合上箱盖后，在箱盖边缘包一层PVC胶带，防止雨水渗入机构。

Part 5

　　电缆外护套损伤修补是针对电缆外护套损伤修补的作业项目。本篇对修补作业前期准备工作、电缆外观检查、清洁破损电缆部位、涂刷破损电缆等环节的要求和注意事项进行阐述，为作业人员现场修补电缆外护套提供参考。

电缆外护套损伤修补制作

一 工作流程

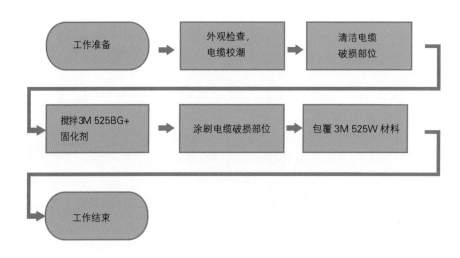

二 工作准备

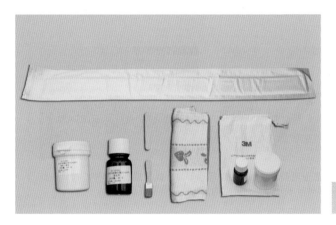

工器具准备

砂纸、清洗剂、抹布、羊毛刷、3M 525BG+ 绝缘防水阻燃涂料、3M 525W 绝缘防水保护带等。

三 操作步骤

步骤1 外观检查，电缆校潮

电缆应干燥无潮气

步骤2 清洁电缆破损部位

除去电缆表面毛刺、油脂和污垢等附着物，以破损位置为中心前后各处理 10 ~ 20cm（视现场运行环境而定，恶劣环境可适当延长）。

步骤3 搅拌3M 525BG+固化剂

将 3M 525BG+ 固化剂倒入容器中，充分混合搅拌，顺时针搅拌 50 次，直至瓶中涂料呈现纯粹的一个颜色。

步骤4 涂刷电缆破损部位

将搅拌好的 3M 525BG+ 直接涂刷于电缆的破损部位，等待 15min 后涂刷第二次，再等待 15min 涂刷第三次。

步骤5 包覆3M 525W材料

3次涂刷后等待20~30min，包覆3M 525W材料，应选择合适宽度的3M 525W，以保证卷包时有一定搭接，两片3M 525W之间应搭接5cm，3M 525W有塑性，施工时可适当用手压实，不得挤压材料。修补完成。

■ 注意事项

（1）出发前检查工器具是否齐备、完好、对所需工器具应逐一清点核对。

（2）工作负责人对作业人员进行适当调整，保证作业人员精神状态良好。

（3）工作负责人应核实工作地点、任务，确定现场安全措施满足工作要求。

（4）野外作业应配备安全防护药品和器具，工作人员应掌握急救办法。

（5）工作现场四周设置围栏和警示牌，防止行人跌入窨井、沟坎；对开启的井口要设专人监护，并加装警示标识和安全标识。

（6）工作场所应保持干燥及清洁，有防雨防尘措施，所有安装工具在使用前应保持干净。

（7）进入隧道作业前先通风至少15min，如需进入隧道深处，必要时，佩戴防毒面具。

（8）在杆塔上作业时，应正确使用安全带、安全帽、高空作业应设专人监护。

Part 6

　　高压电缆中间接头制作主要是针对10kV交联聚乙烯电缆中间接头冷缩制作的项目。本篇对电缆中间接头制作的前期准备工作、电缆外观检查和试验、电缆绝缘层的剥除、冷缩接头的套入及压接连接管等环节的要求和注意事项进行阐述，为技术人员现场制作10kV高压电缆中间接头提供参考。

高压电缆中间接头制作

一 工作流程

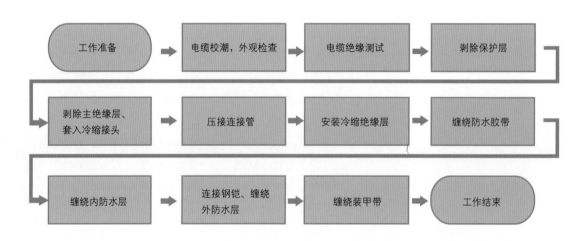

二 工作准备

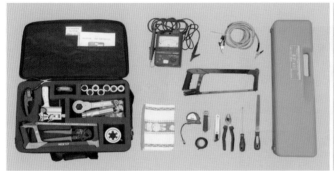 

工器具准备

电工刀、压接钳、钢卷尺、钢锯、白铁剪、剥线钳、锉刀、绝缘电阻测试仪、裸铝（铜）线、纱布、毛巾、清洗剂、硅脂膏、连接管、冷缩绝缘层等。

三　操作步骤

步骤1　电缆校潮，外观检查

①

②

电缆应干燥无潮气，头部有防进潮措施。

步骤2　电缆绝缘测试

①

②

利用绝缘电阻测试仪测量电缆绝缘电阻，测量合格后方可制作（内护套绝缘电阻不小于 0.5MΩ/km）。

步骤3　剥除保护层

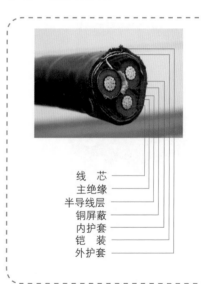

线　芯
主绝缘
半导线层
铜屏蔽
内护套
铠　装
外护套

步骤3 剥除保护层

电缆中间头保护层剥除尺寸表

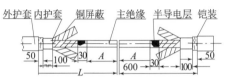

外护套 内护套 铜屏蔽 主绝缘 半导电层 铠装

导体截面积	A	L	E
$25 \sim 50mm^2$	150	800	80
$70 \sim 120mm^2$	160	800	100
$150 \sim 240mm^2$	170	900	120
$300 \sim 400mm^2$	180	900	140

① 将两根待接电缆的两端校直、锯齐，按厂家安装示意图、尺寸（见上图和表）将电缆剥开处理。

② 剥去外护套

③ 剥去内护套

④ 剥去铠装

⑤ 锉光剩余铠装表面，清理外护套表面，将剥切口以下 50～100mm 外护套及内护套打磨粗糙。

步骤3　剥除保护层

剥除铜屏蔽和半导电层，剥切半导电层，切勿伤绝缘。各切口应平齐。

步骤4　剥除主绝缘层，套入冷缩接头

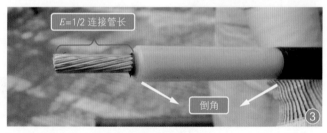

按 $E=1/2$ 连接管长切去绝缘，绝缘层末端倒角去毛刺。半导电层末端用刀具倒角，使半导电层与绝缘层平滑过渡。

步骤4　剥除主绝缘层，套入冷缩接头

④

用细砂纸打磨绝缘层表面，以除去残留的半导电颗粒。

⑤

套入铜网。

⑥

在剥开较长的一端（L 端）装入冷缩接头主体，拉线端方向朝 L 端。

步骤5 压接连接管

校核相序后装上连接管，进行压接。

锉平连接管上的棱角和毛刺，清除金属细粒。

50mm²及以下截面电缆可在连接管上绕包半导电带，直至外径与电缆绝缘外径基本相同。

步骤5　压接连接管

④

测量绝缘端口之间的尺寸 L。

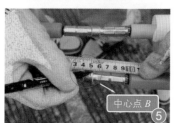
中心点 B
⑤

然后根据 L 的一半，确定中心点 B。

⑥

检验点 C
⑦

从中心点 B 处按照 300mm 在一边的铜屏蔽带上找出一个尺寸校验点 C。

⑧

用清洗巾清洁绝缘层表面。

⑨

待清洗剂干燥后在绝缘层上均匀抹一层硅脂。

步骤6 安装冷缩绝缘层

① 在半导电层上距半导电层末端25mm处做一记号，为收缩定位点。

② 将接头对准收缩定位点，抽去支撑条使接头收缩。

③ 在接头完全收缩后马上校正接头中心点到校验点的尺寸。

不少于 15mm

④ 中间接头的两端与电缆外半导电层的搭接尺寸不少于15mm。

步骤7 缠绕防水胶带

① 抹去多余的硅脂。

涂胶粘剂面

② 将中间接头两端的半导电层用砂布打毛后绕防水胶带。

步骤7　缠绕防水胶带

③

拉开铜网，在装好的接头主体外套上铜网。

④

每相各加一根接地铜编织线。

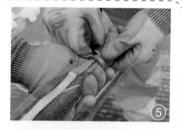

⑤

将接地铜编织线和铜网一起用恒力弹簧在铜屏蔽上扎紧。

⑥

在恒力弹簧处绕 PVC 胶带。

步骤8　缠绕内防水层

三相并拢整理，恢复内衬物，用 PVC 胶带绕扎；在电缆内护套上绕密封胶，从内护套一端以半搭包式绕防水胶带至另一端内护套（涂胶粘剂，一面朝外）。防水胶带缠绕应用力，两层搭包应大于 50%。

步骤9 连接钢铠，缠绕外防水层

用接地铜编织线和恒力弹簧连接两端的钢铠。

用 PVC 带绕扎使铜编织线紧贴内层防水带。

在电缆外护套及恒力弹簧上绕密封胶，与内层防水胶水带反方向，从外护套一端以半搭包式绕防水胶带至另一端外护套（涂胶粘剂一面里），与两端外护套分别搭接60mm。

步骤10 缠绕装甲带

装甲带使用方法：戴上塑料手套，打开甲带的外包装，倒入清水直至淹没装甲带；轻压3～5次，并浸泡10～15s；倒出清水后绕在规定位置，放置20～30min后再移动电缆。

以半搭包式绕装甲带，安装完毕。

■ 注意事项

（1）保持安装过程的清洁。

（2）检查电缆的受潮情况，特别要检查线芯是否进水。

（3）严格控制剥切尺寸，每剥除一层不可伤及内层结构。

（4）半导电层断面应光滑平整，与绝缘层的过渡应光滑。

（5）线芯绝缘剥离后应清除干净内半导电层，并打磨线芯上的氧化层。

（6）金具压接后应清除尖角毛刺。

（7）在安装电缆中间接头时要防潮，不应在雨天、雾天、大风天做电缆头。平均气温低于0℃时，电缆应预先加热。

（8）施工中要保证手和工具、材料的清洁。操作时不应做其他无关的事（严禁抽烟）。

（9）所用电缆附件应预先试装，检查规格是否同电缆一致，各部件是否齐全，检查出厂日期及包装（密封性），防止剥切尺寸发生错误。

（10）电缆敷设前要检查电缆本体的绝缘，在电缆中间接头上找出色相排列情况，避免三芯电缆中间头上芯线交叉。

（11）电缆敷设后要做交流耐压试验，试验后对电缆中间接头做好密封，防止受潮。

（12）安装冷缩绝缘层前检查冷缩件，不允许有开裂现象，同时应避免利器和刀片划伤冷缩件。

（13）安装前不要抽冷缩件的支撑骨架。

（14）严格按工艺尺寸进行剥切，并做好临时标记，冷缩件收缩好后应与标记齐平。切冷缩绝缘管时，不可造成纵向切痕。

Part 7

本篇以10kV交联聚乙烯三芯电缆终端接头冷缩制作流程为主线，对电缆中间接头制作的前期准备工作，电缆绝缘测试，电缆保护层剥除，安装钢带与铜屏蔽接地线，包绕填充胶，三支套与绝缘套管的套入、校验、定相及安装终端套、接线端子等环节的要求和注意事项进行阐述，为技术人员现场制作10kV高压电缆终端接头提供参考。

高压电缆终端接头制作

一 工作流程

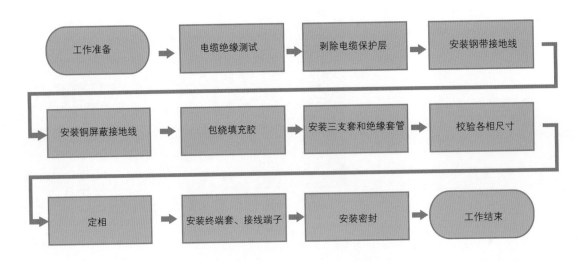

二 工作准备

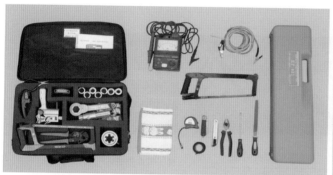

工器具准备

电工刀、压接钳、钢卷尺、钢锯、白铁剪、剥线钳、绝缘电阻测试仪、裸铝（铜）线、纱布、毛巾、清洗剂、硅脂膏、冷缩电缆头。

三 操作步骤

步骤1 电缆绝缘测试

利用绝缘电阻测试仪测量电缆绝缘电阻，测量合格后方可制作。

内护套绝缘电阻不小于0.5Ω/km。

步骤2 剥除电缆保护层

电缆制作尺寸表

A (mm)		B (mm)		C (mm)	
户内	户外	户内	户外	户内	户外
680	740	215	275	45	65

不同厂家的该数据值有所不同，以厂家说明书为准。

剥去 A 长度外护套。

留下 30mm 钢带和 10mm 内护套，其余剥去。

剥去填充物。

步骤2 剥除电缆保护层

用PVC带包扎每相铜屏蔽。

三相分开。

步骤3 安装钢带接地线

用细砂纸擦去剥开处往下100mm长外护套表面的污浊。

在50mm处均匀绕一层填充胶。

用恒力弹簧将铜编织线（较细的一根）卡在钢带上。

用PVC带包好恒力弹簧及钢带。

步骤4 安装铜屏蔽接地线

将另一根铜编织线接到铜屏蔽层上。
（编织线末端翻卷 2~3 卷后插入三芯电缆分岔处，并砌入分岔底部，绕包三相铜屏蔽一周后引出）

再用恒力弹簧卡紧编织线。

在 PVC 带外绕一层填充胶。

步骤5 包绕填充胶

在填充胶外绕一层绝缘自粘带。

将两根编织线分别按在填充胶上，注意：两接地编织线间不能短接。

步骤6　安装三支套和绝缘套管

① 套入冷缩三支套，尽量往下。

③ 套入冷缩绝缘管，逆时针抽去支撑条后使冷缩绝缘管收缩，抽支撑条时应用力均匀。

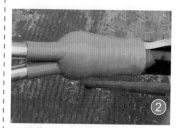

② 两端逆时针抽去支撑条，使冷缩三支套收缩。

④ 绝缘管与支套端搭接 20～30mm。

步骤7　校验各相尺寸

① 校验电缆顶部到冷缩管端口的尺寸 B，数值见上页表。

② 在校验点用 PVC 带固定。

步骤7 校验各相尺寸

③

沿 PVC 带切除多余冷缩管，严禁
轴向切割。

④

剥切铜屏蔽层。

⑤

剥切半导体层。

⑥

按照接线端子孔深加 5mm 长度，
切除各相绝缘。

步骤8 定相

①

用相位器进行定相后，做好相色
标记。

②

在半导体层末端用刀具倒角，使之
平滑过渡。

步骤8 定相

③

在铜屏蔽与外半导体层的台阶处绕1~2mm厚的半导体带,将铜屏蔽带覆盖住。

④

在绝缘层末端倒角,使之平滑过渡。

步骤9 安装终端套、接线端子

①

按照 C 的尺寸,在 PVC 带做一标识作为安装限位线。

②

用细砂纸打磨绝缘层表面,以除去残留的半导电颗粒。

③

将绝缘层表面清理干净。

④

待清洁剂挥发后,将硅脂均匀地涂在绝缘层表面。

步骤9 安装终端套、接线端子

⑤

将终端套在电缆上，对准收缩定位点。

⑦

压接线端子。

⑥

抽去支撑条使终端收缩。

⑧

去除棱角和毛刺。

步骤10 安装密封

①

在接线端子压接处绕防水胶带，并与终端搭接 20mm 左右。

②

套上冷缩密封套，抽去支撑条，使密封管收缩在防水胶带绕包处，安装完毕。

步骤10　安装密封

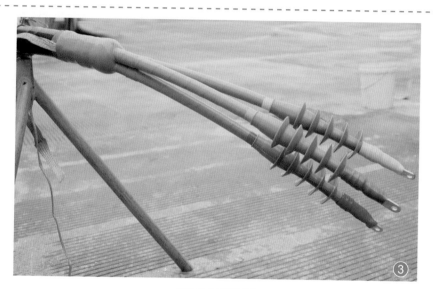

制作完成后效果图

■ 注意事项

（1）保持安装过程的清洁。

（2）检查电缆的受潮情况，特别要检查线芯是否进水。

（3）严格控制剥切尺寸，每剥除一层不可伤及内层结构。

（4）半导电层断面应光滑平整，与绝缘层的过渡应光滑。

（5）线芯绝缘剥离后应清除干净内半导电层，并打磨线芯上的氧化层。

（6）金具压接后应清除尖角毛刺。

（7）电缆头在安装时要防潮，不应在雨天、雾天、大风天做电缆头。平均气温低于0℃时，电缆应预先加热。

（8）施工中要保证手和工具、材料的清洁。操作时不应做其他无关的事（严禁抽烟）。

（9）所用电缆附件应预先试装，检查规格是否同电缆一致，各部件是否齐全，检查出厂日期和包装（密封性），防止剥切尺寸发生错误。

（10）电缆敷设前要检查电缆本体的绝缘，在电缆头上找出色相排列情况，避免三芯电缆中间头上芯线交叉。

（11）电缆敷设后要做交流耐压试验，试验后对电缆头做好密封，防止受潮。

（12）安装冷缩电缆头前检查冷缩件，不允许有开裂现象，同时应避免利器和刀片划伤冷缩件。

（13）安装前不要抽冷缩件的支撑骨架。

（14）三芯终端三叉口包绕填充胶后，在填充胶的上半部分包一层PVC胶带，以免抽骨架时把填充胶抽出来。

（15）严格按工艺尺寸进行剥切，并做好临时标记，冷缩件收缩好后应与标记齐平。切冷缩绝缘管时不可造成纵向切痕。

Part 8

本篇介绍高压电缆绝缘电阻测试方法及技术要求，对工作准备、拆电缆接线、清理电缆、测量电缆一相对其他两相及地的绝缘电阻、更换引线、测试其他相、恢复电缆接线等环节进行阐述，为作业人员现场测试高压电缆绝缘电阻提供参考。

高压电缆绝缘电阻测试

一 工作流程

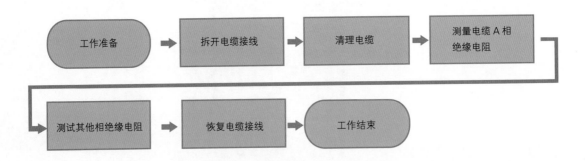

二　工作准备

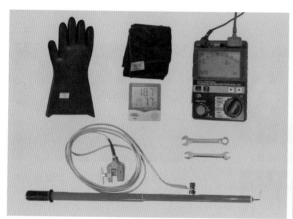

工器具准备

扳手、抹布、温 / 湿度表、绝缘电阻表、放电棒、绝缘手套、钢丝刷、导电膏。

做好安全措施，悬挂警示牌。

三 操作步骤

步骤1 拆开电缆接线

断开该电缆所有可能来电侧的闸刀，验电、接地、悬挂标示牌。

拆开电缆与其他设备的连线。

电缆每相接地，充分放电。

步骤2 清理电缆

将电缆头表面擦拭干净，以免造成测量误差。

步骤3 测量电缆A相绝缘电阻

测试环境温、湿度，做好记录。

试验前绝缘电阻表检查：仪器使用前应进行检查，将"E"端和"L"端短接，测试仪器是否正常，正常情况下测量结果应为 0；再将"E"端接地，"L"端悬空，来检测仪器是否正常，正常情况下测量结果为 +∞。

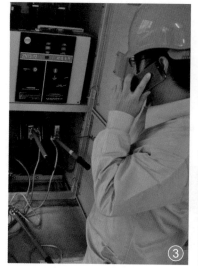

通过电话联系电缆头两端的工作人员，拆除 A 相接地线，检查 B、C 相接地，金属屏蔽层和铠装层的接地连接可靠。

步骤3　测量电缆A相绝缘电阻

⑥

⑦

开始测试

绝缘电阻数字测试仪

选择合适挡位，10kV电缆选2500V，功能选择按钮置于"MΩ"挡。按下"测试"钮，测试1min读数稳定后，记录读数。放开测试按钮，表计读数显示为零后，再将测试棒与测试端断开，功能选择按钮置"关闭"挡。

绝缘电阻手摇测试仪

选择合适量程的绝缘电阻表及挡位，10kV电缆选2500V，手摇测试仪摇把，转速由低到高，保持120转／分左右。摇测1min，读数稳定后，记录读数。记录读数后，先将"电路"端测试引线与测试桩头分开后，再降低手摇测试仪转速至零。

步骤3 测量电缆A相绝缘电阻

对电缆A相放电、挂接地线。

通过电话联系电缆对侧的工作人员。
恢复A相接地。

步骤4 测试其他相绝缘电阻

依次更换引线，重复步骤3，测试其他相。

步骤5 恢复电缆接线

恢复接线，对接头表面进行清理并涂导电膏，适度紧固螺栓。

■ 注意事项

试验过程中更换引线或试验结束后，应将被测电缆多次充分放电。放电时要戴绝缘手套。

Part 9

本篇介绍高压电缆耐压试验方法及技术要求，对工作准备、拆电缆接线、清理电缆、电缆一相对其他两相及地的耐压测试、更换引线，做其他相的耐压试验、恢复电缆接线等环节进行阐述，为作业人员开展高压电缆耐压试验提供参考。

高压电缆耐压测试

一　工作流程

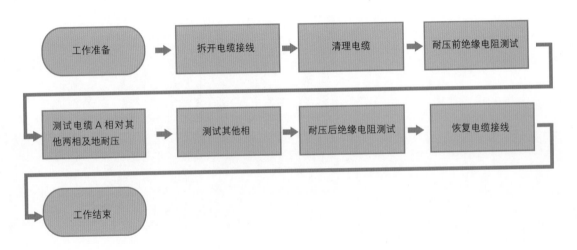

二 工作准备

工器具准备

扳手、抹布、温／湿度表、串联谐振耐压仪、放电棒、绝缘手套、钢丝刷、导电膏。

做好安全措施，悬挂警示牌。

三 操作步骤

步骤1 拆开电缆接线

①

断开该电缆所有可能来电侧的隔离
开关，验电、接地、悬挂警示牌。

②

拆开电缆与其他设备的连线。

③

电缆每相接地，充分放电。

步骤2 清理电缆

将电缆头表面擦拭干净，以免造成测
量误差。

步骤3 耐压前绝缘电阻测试

测试环境温、湿度，做好记录。

使用绝缘电阻表之前要进行仪器检查。按照高压电缆绝缘电阻测试方法，依次测试三相电缆对地绝缘电阻。如绝缘电阻过低，则不能进行电缆耐压测试，应查明原因，消除故障，方可进行电缆耐压测试。

步骤4 测试电缆A相对其他两相及地耐压

把电缆 B、C 相用短接线相连并接地。

按照设备说明书或试验指导书连接串联谐振耐压仪，用测试引线将测试仪"接地"端和接地连接，将"电路"端测试引线接于电缆 A 相。

步骤4 测试电缆A相对其他两相及地耐压

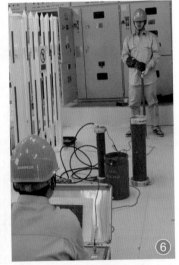

按照高压试验的操作规范操作仪器，对高压电缆进行耐压试验。

（1）在高压试验区周围应设置封闭的试验专用围栏。

（2）检查准备工作正确无误，并确认所有试验人员正确就位后，试验工作负责人方可下令"合闸、加压！"

（3）操作人员在得到试验工作负责人加压命令后，应复诵"注意，开始加压！"，并鸣铃示警。

（4）升压时，操作人员应一只手按升压按钮，另一只手虚按在跳闸按钮上，一旦发生危及人身安全的情况，应迅速按下跳闸按钮。电压达到试验值后，操作人员的一只手应从升压按钮移至降压按钮。

步骤4　测试电缆A相对其他两相及地耐压

⑦

⑧

按照高压试验的操作规范操作仪器，对高压电缆进行耐压试验。

（5）加压过程中应指定人员对加压的数值进行监视并呼唱。

（6）试验中如果发现异常，应立即停止试验，降下电压、切断电源，对试验装置和被试品充分放电并接地后，方可进行分析和检查。

（7）降压过程中应继续监视试验电压的数值。电压降为零后，跳开电源开关，由操作人拉开电源刀闸。

⑨

对电缆A相放电。放电时，应先通过放电电阻放电，然后再直接对地放电数次并短路接地。

⑩

试验工作负责人在确认电源刀闸已拉开、试验装置和被试品已放电并短路接地后方可下令"加压试验结束"。

步骤5 测试其他相

依次更换引线，重复步骤4，测试其他相。

步骤6 耐压后绝缘电阻测试

依次测试三相电缆对地绝缘电阻，并与耐压试验前绝缘电阻值进行比较，综合分析试验结果。

步骤7 恢复电缆接线

恢复接线，对接头表面进行清理，并涂导电膏，适度紧固螺栓。

■ 注意事项

（1）在高压试验区周围应设置封闭的试验专用围栏。
（2）试验过程中更换引线或试验结束后，应将被测电缆多次充分放电，放电时要戴绝缘手套。
（3）高压试验过程中严格呼唱。

试验过程中常见故障：
（1）升压过程中低电压保护动作：原因是试验电源容量不足，线盘过长，导致输入电压过低。
（2）负荷满载：原因是被试电缆过长，并联电抗器太少，环境温度高，测试高压引线过长。
（3）升压升不上：原因是接地不良，电缆表面泄漏过大。仪器功率不断上升，电压却不变。
（4）试验过程击穿：原因是电缆试验不合格，绝缘被击穿或相间、对地距离不够导致放电。

Part 10

　　本篇介绍配电变压器绝缘电阻测试的方法和技术要求，对工作准备、拆配电变压器连线、清理配电变压器、测试高压绕组对低压绕组及变压器外壳的绝缘电阻、测试低压绕组对高压绕组及变压器外壳的绝缘电阻、测试高压绕组对低压绕组，高压绕组对变压器外壳，低压绕组对变压器外壳的绝缘电阻、恢复接线等环节进行阐述，为作业人员现场开展配电变压器绝缘电阻测试提供参考。

配电变压器绝缘电阻测试

一 工作流程

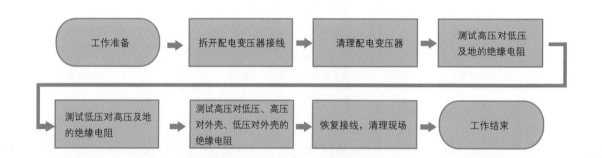

二 工作准备

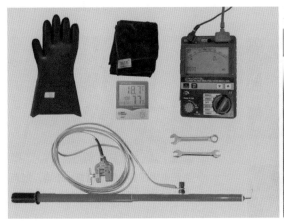

工器具准备

扳手、抹布、温／湿度表、绝缘电阻表、放电棒、绝缘手套、钢丝刷、导电膏。

做好安全措施，悬挂警示牌。

三 操作步骤

步骤1 拆开配电变压器接线

配电变压器高、低侧挂接地线。①

拆开避雷器连线。③

拆开配电变压器高、低压两侧的连线。②

将接地线挂回配电变压器端子上。④

步骤2 清理配电变压器

将配电变压器套管表面擦拭干净，以免造成测量误差。

步骤3 测试高压对低压及地的绝缘电阻

测试环境温、湿度，做好记录。

绝缘电阻表检查：测试前仪器使用
前应进行检查，将"E"端和"L"
端短接，来测试仪器是否正常，
正常情况下测量结果应为 0；再将
"E"端接地、"L"端悬空，来检测
仪器是否正常，正常情况下测量结
果为 +∞。

高压侧的 3 个桩头用短接线连接。

低压端和变压器身接地。

步骤3　测试高压对低压及地的绝缘电阻

将测试仪"E"端和变压器外壳连接，"L"端测试引线接于高压桩头。

绝缘电阻数字测试仪

（1）选择合适挡位，使用2500V挡。
（2）功能选择按钮置于"MΩ"挡，2500V按下"测试"钮。
（3）测试1min读数稳定后，记录读数，放开"测试"钮；表计读数显示为零后，再将测试棒与测试端断开，功能选择按钮置"关闭"挡。

绝缘电阻手摇测试仪

（1）选择合适挡位，使用2500V挡。
（2）手摇测试仪摇把，转速由低到高，保持120r/min左右。摇测1min，读数稳定后，记录读数。
（3）记录读数后，先将"L"端测试引线与测试桩头分开后，再降低手摇测试仪转速至零。

步骤3　测试高压对低压及地的绝缘电阻　步骤4　测试低压对高压及地的绝缘电阻

测试结束后，戴绝缘手套，用放电棒放电。

高压端挂接地线，拆除高压端短接线。

低压侧的4个桩头用短接线相连。

高压端和变压器身接地。

将测试仪"E"端和变压器外壳连接，"L"端测试引线接于高压桩头。

按步骤3方法，测试低压对高压及地的绝缘电阻。

步骤5　测试高压对低压、高压对外壳、低压对外壳的绝缘电阻　步骤6　恢复接线，清理现场
（如步骤3，4合格，则该步骤略过）

拆除高压端和低压端接地线，用短接线短接高压端子和低压端子。

将测试仪"E"端和低压桩头连接，"L"端测试引线接于高压桩头，测试高压对低压的绝缘电阻。

将测试仪"E"端和变压器外壳连接，"L"端测试引线接于高压桩头，测试高压对变压器外壳的绝缘电阻。

将测试仪"E"端和变压器外壳连接，"L"端测试引线接于低压桩头，测试低压对变压器外壳的绝缘电阻。

将高低压接线、避雷器接线、接地线等恢复，清理现场短接线、工器具，人员撤出，终结工作。

■ 注意事项

试验过程中更换引线或试验结束后，应将被测相多次充分放电，放电时要戴绝缘手套。

Part 11

本篇介绍配电变压器耐压试验方法及技术要求，对工作准备、拆配电变压器连线、清理配电变压器、高压绕组对低压绕组及外壳耐压试验、低压绕组对高压绕组及外壳耐压试验、恢复接线等环节进行阐述，为作业人员现场进行配电变压器耐压试验提供参考。

配电变压器耐压测试

一 工作流程

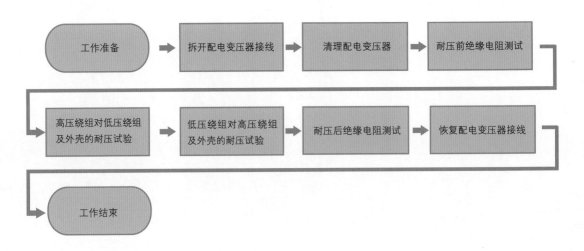

二 工作准备

工器具准备

扳手、抹布、温/湿度表、放电棒、绝缘手套、钢丝刷、导电膏。

做好安全措施，悬挂警示牌。

三 操作步骤

步骤1 拆开配电变压器接线

配电变压器高、低压侧挂接地线。

拆开配电变压器高、低压两侧连线。

拆开避雷器连线。

将接地线挂回配电变压器端子上。

步骤2 清理配电变压器

将配电变压器套管表面擦拭干净，以免造成测量误差。

步骤3　耐压前绝缘电阻测试

测试环境温、湿度，做好记录。

试验前对绝缘电阻表进行检查。按照配电变压器绝缘电阻测试方法，测试配电变压器绝缘电阻。如绝缘电阻过低，不可采取耐压测试，应查明原因，消除缺陷，方可进行。

步骤4　高压绕组对低压绕组及外壳的耐压试验

高压侧的3个桩头用短接线相连。

低压侧的 4 个桩头接地。

步骤4　高压绕组对低压绕组及外壳的耐压试验

用测试引线将测试仪"接地"端和低压桩头连接，将"电路"端测试引线接于高压桩头。

图④、⑤：
（1）在高压试验区周围设置封闭的试验专用围栏。
（2）检查准备工作正确无误，并确认所有试验人员正确就位后，试验工作负责人方可下令"合闸、加压！"
（3）操作人员在得到试验工作负责人加压命令后，应复诵"注意，开始加压！"，并鸣铃示警。

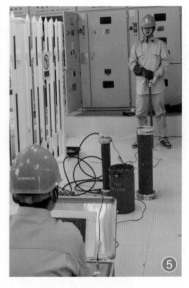

按照高压试验的操作规范操作仪器，对高压绕组进行耐压试验。

步骤4　高压绕组对低压绕组及外壳的耐压试验

图⑥、⑦：

（1）升压时，操作人员应一只手按升压按钮，另一只手虚按在跳闸按钮上，一旦发生危及人身安全的情况，应迅速按下跳闸按钮。电压达到试验值后，操作人员的一只手应从升压按钮移至降压按钮。

（2）加压过程中应指定人员对加压的数值进行监视并呼唱。

（3）试验中发现异常，应立即停止试验，降下电压、切断电源，对试验装置和被试品充分放电并接地后，方可进行分析和检查。

（4）降压过程中应继续监视试验电压的数值。电压降为零后，跳开电源开关，由操作人拉开电源刀闸。

对高压绕组放电。放电时，应先通过放电电阻放电，然后再直接对地放电数次并短路接地。

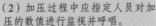

按照高压试验的操作规范操作仪器，对高压绕组进行耐压试验。

试验工作负责人在确认电源刀闸已拉开、试验装置和被试品已放电并短路接地后方可下令"加压试验结束"。

步骤5 低压绕组对高压绕组及外壳的耐压试验

把低压侧4个桩头用短接线相连接，高压侧的3个桩头接地，测试仪"接地"端和高压桩头连接，将"电路"端测试引线接于低压桩头。按步骤4方法进行低压绕组对高压绕组及外壳耐压试验。

步骤6 耐压后绝缘电阻测试

按照配电变压器绝缘电阻测试方法，测试配电变压器绝缘电阻。与耐压前比较，绝缘电阻值不应下降过多，否则应查明原因。

步骤7 恢复配电变压器接线

恢复接线，对接头表面进行清理，并涂导电膏，适度紧固螺栓。

■ 注意事项

（1）在高压试验区周围应设置封闭的试验专用围栏。
（2）试验过程中更换引线或试验结束后，应将被测电缆多次充分放电，放电时要戴绝缘手套。
（3）高压试验过程中严格呼唱。

Part 12

本篇介绍配电变压器调挡以工作准备、拆开配电变压器连线、清理配电变压器、测试初始挡位直流电阻、调挡、测试其他挡位直流电阻、恢复接线等环节进行阐述，为作业人员开展配电变压器调挡与直流电阻测试提供参考。

配电变压器调挡
（直流电阻测量）

一 工作流程

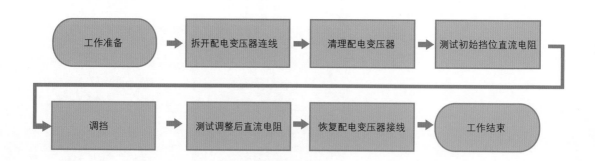

二 工作准备

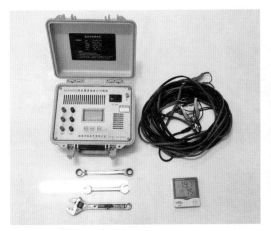

工器具准备

扳手、抹布、温/湿度表、变压器直流电阻测试仪、钢丝刷、导电膏。

做好安全措施，悬挂警示牌。

三 操作步骤

步骤1 拆开配电变压器接线

① 配电变压器高、低侧挂接地线。

③ 拆开避雷器连线。

② 拆开配电变压器高、低压侧连线。

④ 将接地线挂回配电变压器端子上。

步骤2 清理配电变压器

① 将配电变压器套管表面擦拭干净，以免造成测量误差。

② 拆除两侧端子上所有的接地线。

步骤3 测试初始挡位直流电阻

用温/湿度表测试环境温度及湿度，并做好记录。

打开仪器，选择合适的输出电流，依次测试高压侧 A-B、A-C、B-C 的直流电阻，并做好记录。

步骤3 测试初始挡位直流电阻

打开仪器，选择合适的输出电流，依次测试低压侧 a–o、b–o、c–o 的直流电阻，并做好记录。

步骤4 调挡

打开分接开关保护盖。

调整分接开关挡位时应多次转动，以便消除触头上的氧化膜和油污。

步骤4 调挡

调整分接开关挡位。

确认变换分接正确后，锁死分接开关，确保分接开关接触良好。

如低压侧电压偏低，则要将分接开关放在高一挡，如原来是"2"挡的，要放至"3"挡或更高，以此类推直至电压达到要求为止。低压侧电压偏高要将分接开关放在低一挡。如原来是"3"挡的，要放至"2"挡或更低，以此类推直至电压达到要求为止。

根据步骤3，测试调挡后直流电阻，比较调挡后相间或线间直流电阻值不平衡系数❶应满足规程要求，则说明调挡已到位，分接开关接触良好。

❶ 变压器容量在1600kVA及以下时，相间直流电阻值不平衡系数不大于4%，线间直流电阻值不平衡系数不大于2%；变压器容量在1600kVA以上时，相间直流电阻值不平衡系数不大于2%，线间直流电阻值不平衡系数不大于1%。

步骤5 测试调整后直流电阻

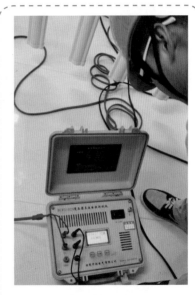

测试调整后挡位直流电阻

步骤6　恢复配电变压器接线

恢复接线，对接头表面进行清理并涂导电膏，适度紧固螺栓。

■ 注意事项

试验过程中更换引线或试验结束后，测试仪器应选择"复位"按钮进行放电，以免绕组中残留电荷影响下次测量。

Part 13

高压开关柜操作机构调节，主要处理高压柜手动、电动操作机构出现无法合、分闸等失灵问题。本篇对高压开关柜停电及安全措施，操作电源与电动、手动操作机构的故障处理进行阐述，为现场维修高压开关柜操作机构提供参考。

高压开关柜操作机构调节

一 工作流程

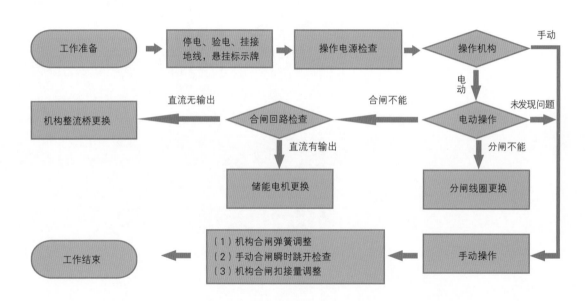

二 工作准备

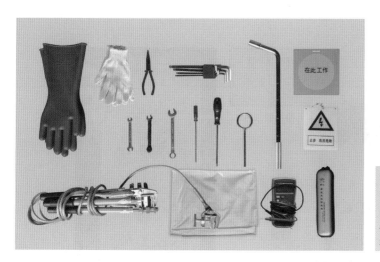

工器具准备

绝缘垫、绝缘手套、验电器、标示牌、万用表、整流桥、5mm 内六角扳手、十字螺丝刀、尖嘴钳、短柄十字螺丝刀、14mm 开口扳手、10mm 开口扳手、操作手柄、凡士林、M8×35 螺栓以及 M8 螺母，ϕ8 弹簧垫圈、试验设备。

三 操作步骤

步骤1 停电、验电、挂接地线，悬挂标示牌

①

带电显示器

负荷开关 ②

隔离开关 / 接地开关 ③

对于出线柜拉开负荷开关，检查带电显示器指示，无电压后拉开隔离开关，同时合上接地闸刀。
操作前做好绝缘措施（绝缘垫，绝缘手套）。

插入绝缘隔板打开柜门 ④

步骤1 停电、验电、挂接地线，悬挂标示牌

⑤

使用 10kV 验电器对进线电缆侧验电。

⑥

挂接地线。

对于进线柜，拉开负荷开关及隔离开关后，还应确认进线电缆已经停电后才能合接地开关或悬挂接地线。

⑦

在相邻间隔悬挂"止步，高压危险"警示牌。

⑧

在工作地点放置"在此工作"标示牌。

步骤2 操作电源检查

切换负荷开关合、分位置，并查看仪表面板开关分合指示。若无指示则检查控制电源电压是否正常、指示灯及控制电源熔芯是否完好。

步骤3 电动操作

若为电动操作机构，在仪表面板上操作合、分闸转换开关。若电动合闸不能，依步骤4处理；若电动分闸不能，依步骤7处理。

步骤4 合闸回路检查

检查合闸回路，测量机构整流桥输入AC220V电压及输出DC220V电压是否正确。若整流桥DC220V直流无输出，则为整流桥损坏需更换（步骤5）；若DC220V直流输出正常而储能电机不动作，则直流电机损坏需更换（步骤6）。

步骤5　机构整流桥更换

① 拉开熔丝，切断操作电源。

③ 旋开整流桥固定螺丝。

② 使用尖嘴钳取下整流桥上输入、输出二次插拔件。

④ 更换整流桥。

⑤ 使用尖嘴钳将二次插拔件插回原位，操作时注意整流桥输入及输出的位置。

步骤6 储能电机更换

拉开熔丝，切断操作电源。

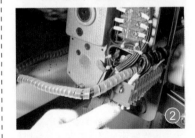

取下整流桥上储能电机的电源线插拔件。

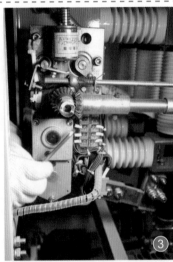

用内六角扳手拆除3只固定螺丝。

更换电机并固定，恢复电源接线。

步骤7 分闸线圈更换

①

②

检查分闸回路，测量分闸线圈侧 AC220V 输入电压。若输入电压正常，则需更换分闸线圈。

拉开熔丝切断操作电源，拆除分闸线圈电源接线，用开口扳手拆除固定螺丝；更换分闸线圈并固定，恢复电源接线。

步骤8 手动操作

若机构为手动机构，或上述检查均未发现问题，使用操作手柄手动操作负荷开关。感觉操作是否有卡滞，若有卡滞应在各传动部件上涂抹凡士林。完成后手力合、分操作各 5 次，应可靠合、分。

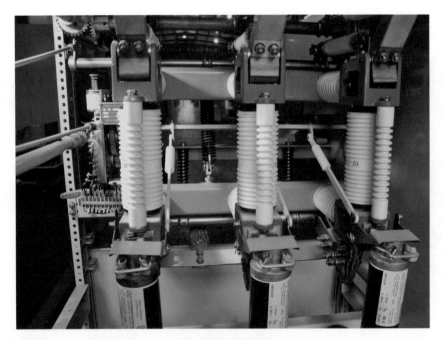

高压开关内部结构图

步骤9 机构合闸弹簧调整

手动操作合闸时，若无法一次顺利合闸成功，需继续转动操作手柄方可将负荷开关顺利合上，这时要先跳开负荷开关。准备 M8X35 螺栓以及 M8 螺母、φ8 弹簧垫圈各一只，旋入合闸弹簧下方调整螺孔并紧固。紧固程度以机构能一次性顺利完成合闸动作为准。操作前应确认合闸弹簧能量已释放后方可进行。

步骤10 手动合闸瞬时跳开检查

手动操作合闸时，若发现主轴及三相极柱拐臂动作，但机构扇形板无法切实扣住合闸半轴，开关合闸瞬间即脱开恢复分闸状态。指派一名工作人员从柜后按住机构跳闸附件同时手动操作合闸，若按住机构跳闸附件能合上开关，则需按步骤11调节机构合闸扣接量。

步骤11 机构合闸扣接量调整

使用 10mm 开口扳手旋松机构跳闸附件上的 M6X20 螺栓两侧紧固螺母，以半圈为调整幅度旋松该 M6 螺栓，同时指派另一名工作人员手动操作机构合闸，待机构能顺利合闸操作 5 次后旋紧 M6 螺栓两侧紧固螺母。

步骤12 调试结束后试验

依规程对调整后的开关进行特性及低电压试验，清理现场，结束工作。

■ 注意事项

（1）正确着装，工作中必须站在绝缘垫上，并戴上工作手套。
（2）步骤2中，出线柜隔离开关与接地开关连锁，进线柜不配接地开关，开门需使用验电器验电；进线柜需使用 10kV 验电器对进线电缆侧验电并挂接地线在相邻间隔悬挂"止步，高压危险"标示牌，在工作地点放置"在此工作"标示牌。
（3）步骤3、5、6、8中，必须先拉开熔丝切断控制电源，同时用万用表验电确无电压后方可进行。
（4）步骤9、10、11中，必须确认合闸弹簧能量已释放后方可进行。

Part 14

本篇主要介绍高压开关柜绝缘电阻的测试方法和技术要求，对工作前准备及安全措施、记录设备铭牌、被试设备放电、改变设备状态、校验电阻表、测量绝缘电阻等环节进行阐述，为作业人员进行高压开关柜绝缘电阻试验提供参考。

高压开关柜绝缘电阻试验

一 工作流程

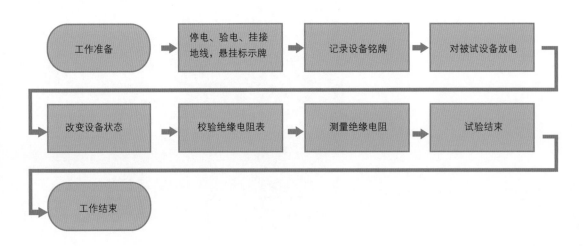

二 工作准备

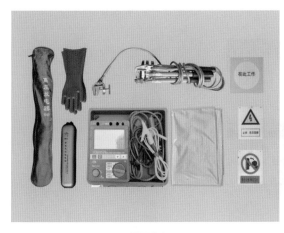

工器具准备

绝缘电阻表、温/湿度计、测试线、放电棒、接地线、电工常用工具、安全围栏、标示牌等。

设置安全围栏。

三 操作步骤

步骤1 停电、验电、挂接地线，悬挂标示牌

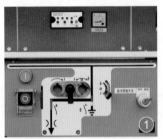

①

②

③

插入绝缘隔板，打开进线柜柜门，需再使用验电器对进线电缆侧验电并挂接地线。

④

拉开负荷开关，带电显示器指示无电压后，拉开隔离开关同时合上接地开关。

悬挂安全警示牌。

步骤2 记录设备铭牌

①

②

记录被试设备铭牌、运行编号及大气条件等。

步骤3 对被试设备放电

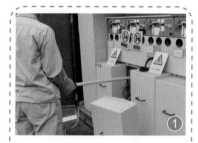

试验前应断开被试设备的接地线，并将被试品各绕组接地放电。放电时应用绝缘工具进行，不得用手触碰放电导线。

步骤4 改变设备状态

合上负荷开关和隔离开关，拆除线路侧电缆头，将接地线移至电缆头上且应与线路隔离开关保持足够的安全距离。插入式全封闭电缆头应拔出，再插入厂家提供的专用测试插头。

步骤5 校验绝缘电阻表

校验绝缘电阻表，短路时电阻值应为零，开路电阻值应无穷大。

步骤6 测量绝缘电阻

①

②

根据被试设备铭牌选择绝缘电阻表的电压等级（10kV开关柜用2500V绝缘电阻表）。连接好试验接线，将L端引出线连至被试品，开始测试，待1min时读取绝缘电阻值。

步骤7 试验结束

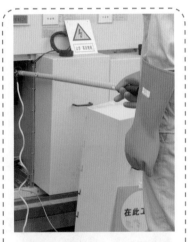

绝缘电阻测试完毕，应先断开接至被试品的测试线，然后停止摇动绝缘电阻表摇把并短接放电。记录测试数据，绝缘电阻不应小于300MΩ，编制试验报告。

■ 注意事项

（1）操作人员须正确穿戴安全防护用具（安全帽、绝缘手套、绝缘鞋），站于绝缘垫上进行。绝缘隔板应定期试验确保绝缘性能。验电时应使用合格的10kV接触式验电器，使用前应验证验电器良好，挂接地线。

（2）对电容量较大的被试设备，放电时间不少于5min。

（3）测试前用干燥清洁的柔软布擦去被试物的表面污垢，必要时可用汽油擦拭，以消除表面泄漏电流的影响。

（4）如在湿度较大的条件下测量或需排除表面泄漏的影响的情况下加屏蔽线，屏蔽线可用软铜线缠绕，屏蔽端应接近相线而远离接地部分。

（5）试验过程中应有人监护，防止无关人员进入试验场所。

Part 15

本篇主要介绍高压开关柜耐压试验方法和技术要求，对工作前准备及安全措施、被试设备放电、改变设备状态、记录初始值、试验装置接线、试验及确认工作等环节进行阐述，为作业人员进行高压开关柜耐压试验提供参考。

高压开关柜耐压试验

一 工作流程

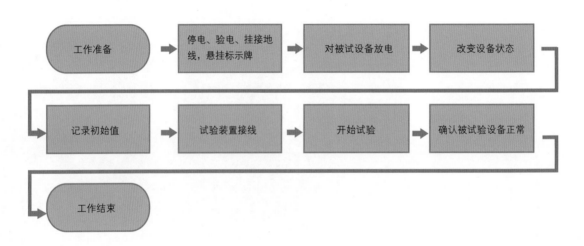

二　工作准备

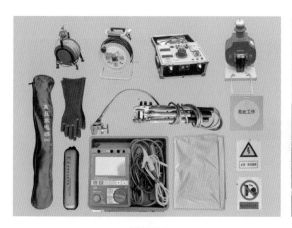

工器具准备

5kVA 试验变压器及控制箱、温/湿度计、测试线、放电棒、带漏电保安器的电源盘、4mm²透明绝缘多股软铜接地线、操作杆，电工常用工具、试验临时安全遮栏、标示牌等，标准作业指导书、接地线、验电器、绝缘电阻表。

架设安全围栏。

三 操作步骤

步骤1 停电、验电、挂接地线，悬挂标示牌

②

③

插入绝缘隔板打开进线柜柜门，需再使用验电器对进线电缆侧验电并挂接地线。

拉开负荷开关，带电显示器指示无电压后拉开隔离开关同时合上接地开关。

④

悬挂安全警示牌。

步骤2 对被试设备放电

①

②

将被试设备放电，拆除避雷器及线路电缆，所有电流互感器的二次绕组应短路接地，并将带电显示器短接。

步骤3 改变设备状态

①

②

合上负荷开关和隔离开关，拆除线路侧电缆头，并将接地线移至电缆头上且与线路隔离开关保持足够的安全距离。插入式全封闭电缆应拔出，再插入厂家提供的专用测试插头。

步骤4 记录初始值

测试绝缘电阻并记录，其值应正常。

步骤5 试验装置接线

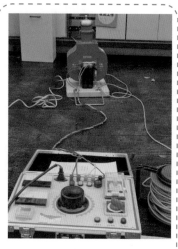

按标准作业指导书进行接线，并检查试验接线正确无误、调压器在零位，试验回路中过电流和过电压保护应整定正确、可靠。

步骤6 开始试验

合上试验电源，开始升压进行试验。升压速度在 75% 试验电压以前，可以是任意的，自 75% 电压开始均匀升压。升至试验电压，开始计时并读取试验电压。时间到后，迅速均匀降压到零，然后切断电源，放电、挂接地线。试验中如无破坏性放电发生，则认为通过耐压试验。

步骤7 确认被试验设备正常

确认试验设备未出现击穿等破坏性放电现象，再次测试绝缘电阻，其值应正常；编制试验报告。

■ 注意事项

（1）操作人员须正确穿戴安全防护用具（安全帽、绝缘手套、绝缘鞋），站于绝缘垫上进行。绝缘隔板应定期试验确保绝缘性能。验电时应使用合格的 10kV 接触式验电器，使用前应验证验电器良好。挂接地线。

（2）放电操作人员应戴绝缘手套并使用放电棒，人体不得触碰接地线，对电容量较大的被试设备，放电时间不少于 5min。

（3）加压侧应有必要的安全措施以防无关人员进入试验场所。试验场所四周有安全围栏并挂有警告标示牌，且全程必须有人监护，操作人员操作过程中应高声呼唱。

Part 16

本篇主要介绍更换高压开关柜带电显示器的方法和技术要求，主要对工作准备、接触电源及导线、更换带电显示器、接回原导线并检查、现场清理等环节进行阐述，为作业人员现场更换高压开关柜带电显示器提供参考。

更换高压开关柜
带电显示器

一 工作流程

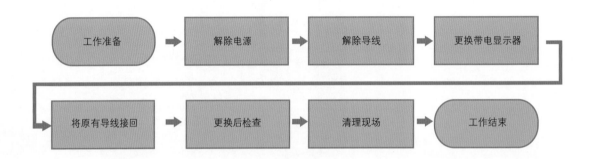

二 工作准备

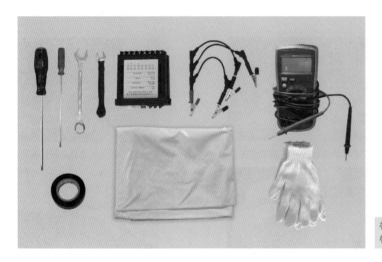

工器具准备

带电显示器、螺丝刀、万用表、绝缘胶带、短接线、工作手套、绝缘垫。

三 操作步骤

步骤1 解除电源

① 做好绝缘措施，必须在绝缘垫上进行，同时带上工作手套。

② 拔出电源熔丝或分断微断开关。

③ 用万用表验电。

步骤2 解除导线

① 解除显示器上的电源及闭锁回路。

② 将相线和地线全部短接。

步骤2　解除导线

解除显示器到传感器上的相线和地线。

每根相线解除后必须用绝缘胶带包好。

步骤3　更换带电显示器

将原显示器拆除。

安装新的显示器，并固定。

步骤4　将原有导线接回

先将显示器上的电源及闭锁回路接回，再依次接回显示器到传感器上的地线和相线。接相线时，绝缘胶带接一相拆一相，保持相线和地线短接。

步骤5 更换后检查

检查导线连接正确后，拆除短接线。①

将电源熔断器装回或合上微断开关，验电。通过试验按钮检查显示器是否正常。②

步骤6 清理现场

清理现场，结束工作。

■ 注意事项

（1）工作中必须站在绝缘垫上，并戴上工作手套。

（2）如果是T型显示器，略过"拔出电源熔丝或分断微断开关"和"解除显示器上的电源及闭锁回路"步骤。

（3）拆除显示器上的导线时，必须将相线和地线全部短接，并依次拆除相线、地线。每根相线拆除后必须用绝缘胶带包好。

（4）接回显示器上的导线时，须依次接地线和相线。接相线时，绝缘胶带接一相拆一相，保持相线和地线短接。